动物王国大探秘

Discovery of Animal Kingdom

听昆虫讲故事

[英]茱莉亚·布鲁斯/著 [英]兰·杰克逊/绘 杨 阳/译

上海文化出版社

目录

奇妙的昆虫故事从这里开始……

欢迎来到昆虫世界。

我们昆虫的体形一般都很小，

但我们这些迷你动物的生活中充满了危险与刺激。

本书将会和你一起探索我们昆虫生活的奥秘。

你将会发现我们是如何捕捉猎物，

又是如何避免自己被捕食的；

你将会知道我们如何寻找配偶，

又如何确保我们的卵和幼虫的安全；

你还会了解我们是如何在一个巨人的世界中努力地生存的。

我们的生命充满奇迹。

阅读本书，

你将会邂逅数百万只蝗虫和世界上最大的蜈蚣；

你将会了解瓢虫为什么会有斑点，

白蚁土墩里发生了什么，

蜘蛛是如何织网的；

你还会与螳螂面对面，

与蚊子和苍蝇共进晚餐。

首先，

我们来认识一下

世界上最美丽的昆虫之一——蓝闪蝶……

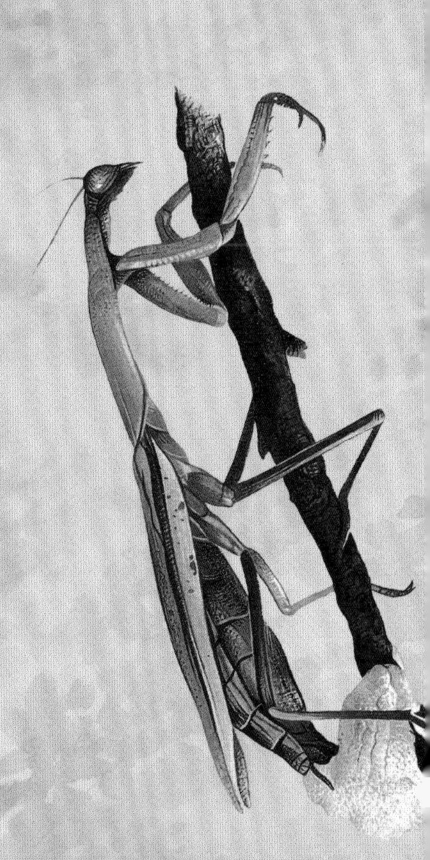

毛毛虫是怎样变成蝴蝶的？

我是一只蓝闪蝶，生活在中南美洲的雨林中。蝴蝶妈妈通常把卵产在叶子下面。这些看起来闪闪发亮，像绿色纽扣一样的东西，就是我们的卵。其中一个就是我。差不多再过 9 到 10 天，我才能从卵里出来。

从卵里面爬出来后，我就变成了一只色彩缤纷的毛毛虫。这明亮的色彩可以保护我不被敌人吃掉，因为我看上去像是有毒的。

我会一直不停地吃东西。我的颚非常厉害，可以轻而易举地咬碎树叶。

我在慢慢长大，但是我身体表面的皮肤却没有生长。当我感觉不舒服的时候，旧的皮肤就会慢慢地裂开蜕去，换上合身的新皮肤。我一生中要这样蜕皮 6 次。

我有 8 对足。前面的 3 对会随着我一起长大，陪伴我一生。其余的 5 对则会在我的成长过程中慢慢消失。我的足上长着很多细小的钩，这样我就可以紧紧黏附在树叶上，小鸟之类的敌人很难把我从树叶上扯下来。

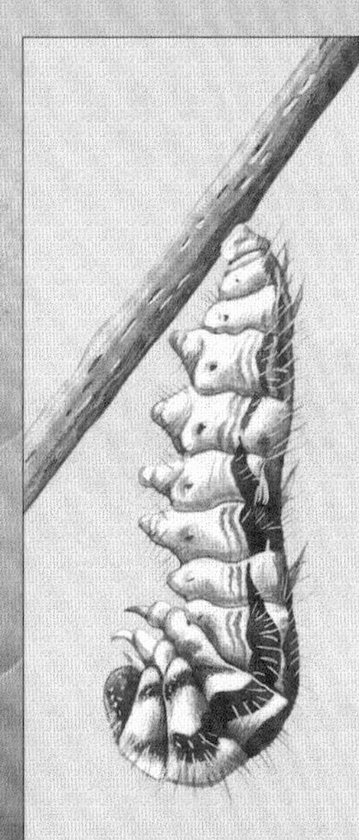

大概 11 个星期后，我体内储存了足够多的养分和能量。这时，我会附着在合适的枝条上，开始结蛹。这是我蜕变成蝴蝶前的最后一个阶段。

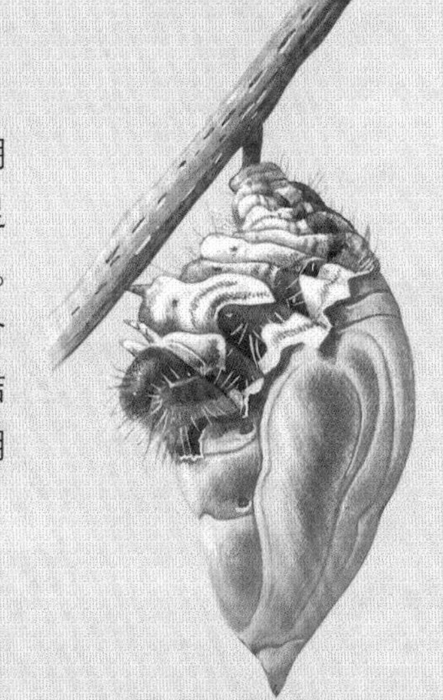

我的蛹非常坚硬，我躲在里面，等待体内细胞发育成熟，为变成蝴蝶做准备。这个过程大约需要 2 个星期。我的蛹可以保护我，因为它看起来就像一片树叶，可以迷惑敌人。

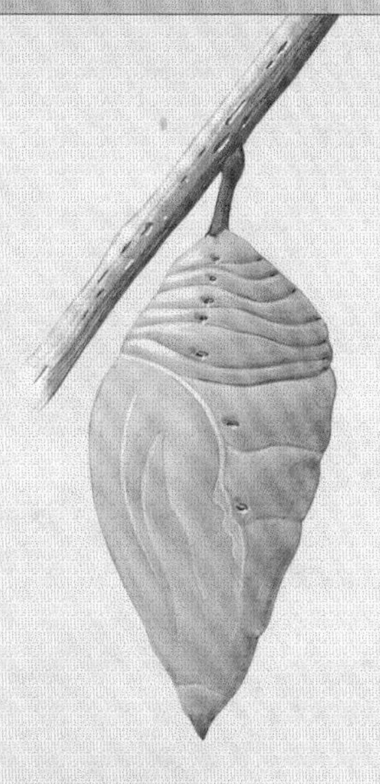

我已经破茧而出。但我还需要一点时间整理我柔软皱缩的双翼。等它们变得宽大有力，我就可以振翅飞翔了。我的翅膀有 15 厘米宽，比你展开的手掌还要长。可是，我的生命只剩下 2 个星期左右了。在这段时间里我要找到食物和配偶。我主要吃树汁和腐烂果实的汁液。

为了寻找伴侣，我在雨林中四处翩飞，炫耀我闪亮的蓝色翅膀。这令人惊奇的颜色是由光的反射造成的。我的翅膀上有很多微小的鳞片，当阳光照射在上面，就会形成闪亮的蓝色。注意，我和我的伴侣躲在这里。你看到了吗？我的翅膀背面是褐色的。当我们休息或交配的时候，这种颜色可以帮助我们融入周围的环境，躲避危险。

昆虫为什么要伪装自己?

对于我们昆虫来说，生命时时刻刻都处于危险之中。稍不注意，我们就会成为许多较大的动物的口中美食。我们保护自己的一个方法，就是使自己不被捕食者发现。这就是伪装的由来。有些昆虫身体的颜色与周围环境相似，可以与周围的环境融为一体，这样就不容易被发现。这也是我们胡椒蛾的一贯做法。有的昆虫把自己伪装成那些比较危险的生物，这样可以愚弄捕食者，把他们吓跑。这种聪明的方法叫作拟态。

我通过拟态吓唬捕食者，保护自己不被他们吃掉。我其实是一只食蚜蝇，但我身上的斑纹，使我看起来像蜜蜂。如果捕食者认为我是一只带有毒刺的昆虫，而不是一只无害的苍蝇，他们就会很快远离我。

我是一只竹节虫。不仅我身体的颜色与植物的颜色相近，就连身体的形态也与植物相似。我看起来像植物的茎，我甚至能和植物一起随风摆动。

我们胡椒蛾的幼虫也很善于伪装，他们看起来就像大树的细枝。

大树身上通常会长有灰白色的地衣。我们胡椒蛾可以完美地伪装成地衣的颜色。注意了，睁大眼睛仔细观察，你发现我们了吗？这里有 2 只胡椒蛾在树枝上休息呢。有的胡椒蛾翅膀的颜色比较深，如果停靠在灰白色的地衣上，就很容易被天敌发现。但是当他们停靠在颜色较深的树皮上时，就不容易被天敌发现了。

我是一只斑点灌木蟋蟀，他们都说我长得有点像蝗虫。我生活在南美洲的亚马孙热带雨林中。我静止不动的时候，看起来就像一片落叶，其他动物根本不会注意到我。我的后翅上长着一些大大的、眼状的斑点。如果我受到攻击，这些眼状斑点就会起到如同真眼睛一样的作用——当我跳跃着逃跑时，这些斑点就会闪闪发亮，使我看起来像是一个大家伙。

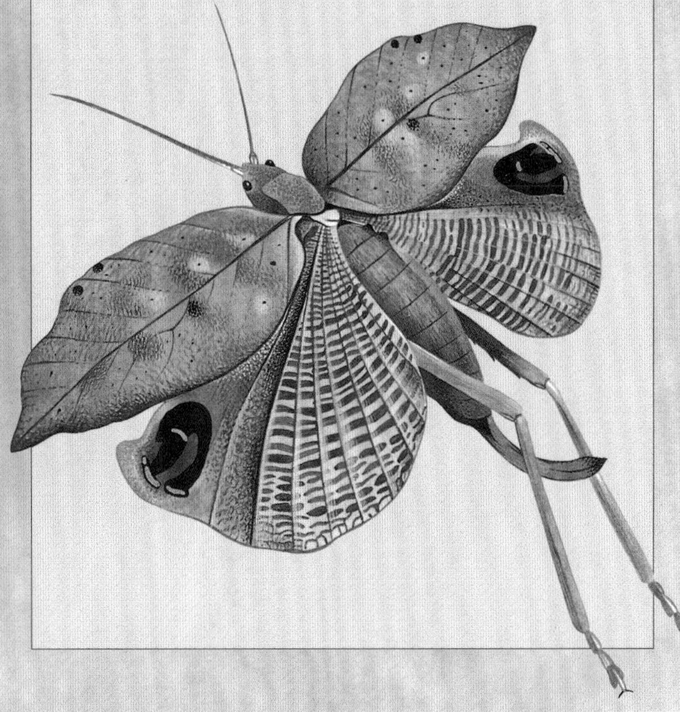

我们臭腹腺蝗生活在非洲南部。亮丽的体色使我们很显眼，但这也可以警告捕食者。如果他们胆敢攻击我们，我们就会发出令人作呕的臭味。在我们身体的连接处，有一个臭腺，就是这个臭腺能喷出刺鼻毒液。大多数捕食者一看到我们，就会飞快地离开。

我是一只巨蛾毛虫。我从不尝试融入周围的环境，因为我很难伪装自己。我现在就有 15 厘米长！我本身并没有毒，但我可以借助鲜艳的肤色假装自己有毒。我的长长的黄刺看起来很有威胁性，起码捕食者会觉得我并不容易被吞下去。

蜻蜓是怎样捕捉猎物的？

我们蜻蜓是大型昆虫，一生都在不停地捕捉猎物。雌蜻蜓会把卵产在小溪或池塘里，所以我们都是在水里出生的。我们从卵中孵化出来后，就成了水蚕（蜻蜓的稚虫）。我们要在水里生活2年左右。在我们变成成虫前，我们在水里捕食其他昆虫、蝌蚪和小鱼。我们水蚕的捕食方法和成年蜻蜓完全不同，仔细观察吧。

我是一只水蚕。我喜欢待在水底等待猎物自投罗网。瞧，这里有只粗心的蝌蚪。哈哈，我抓到他了！
当我快要变成蜻蜓的时候，我会爬出水面，爬到植物的茎上。慢慢地，我会蜕去旧皮，蜕变为蜻蜓。
这是我的头部的特写。你看，一个带着爪子的面罩遮住了我的脸。当猎物进入我的攻击范围后，我就会猛地弹出爪子抓住他，然后丢进我早就张开的嘴巴里。

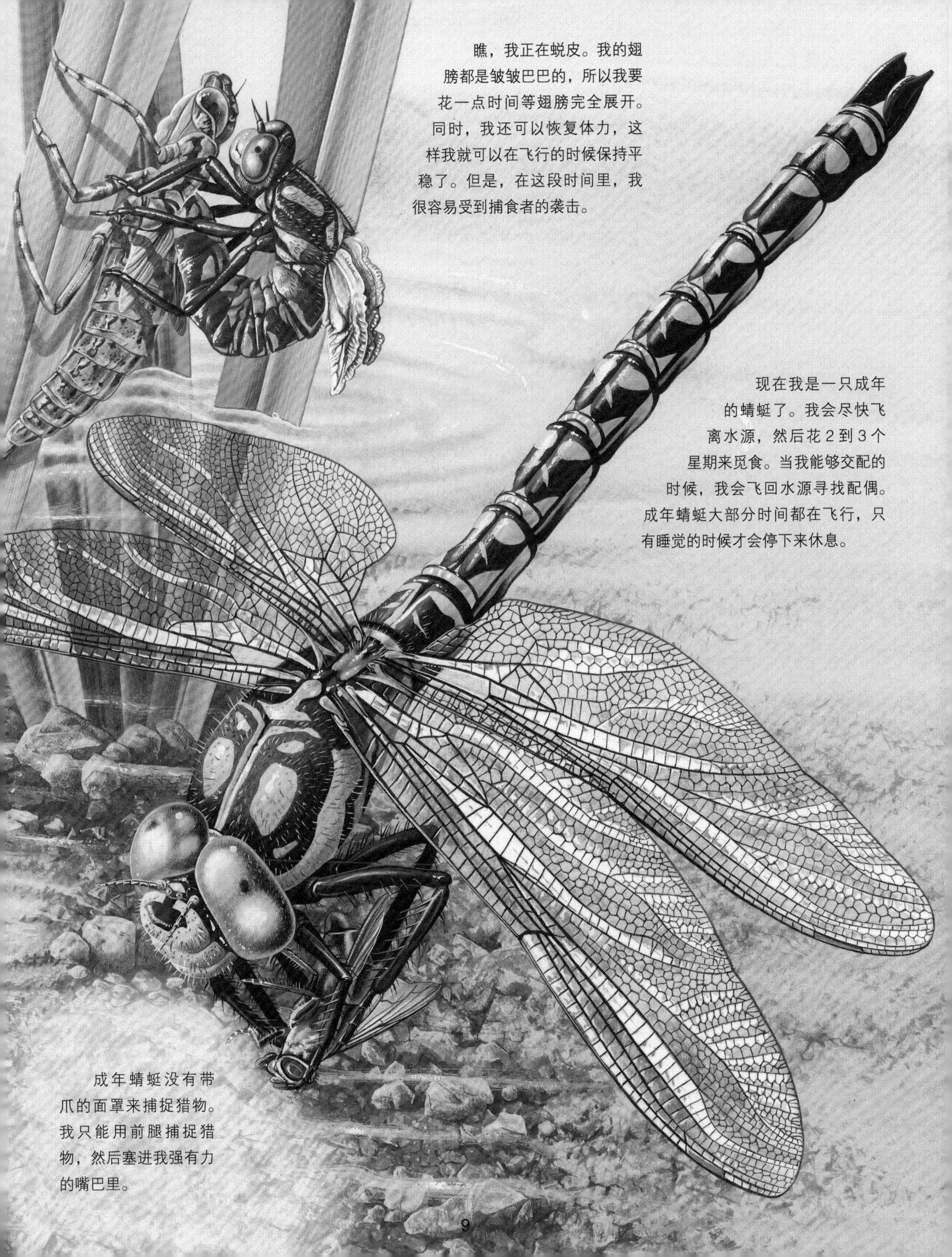

瞧，我正在蜕皮。我的翅膀都是皱皱巴巴的，所以我要花一点时间等翅膀完全展开。同时，我还可以恢复体力，这样我就可以在飞行的时候保持平稳了。但是，在这段时间里，我很容易受到捕食者的袭击。

现在我是一只成年的蜻蜓了。我会尽快飞离水源，然后花2到3个星期来觅食。当我能够交配的时候，我会飞回水源寻找配偶。成年蜻蜓大部分时间都在飞行，只有睡觉的时候才会停下来休息。

成年蜻蜓没有带爪的面罩来捕捉猎物。我只能用前腿捕捉猎物，然后塞进我强有力的嘴巴里。

苍蝇吃什么？

我是一只丽蝇。我敢打赌你肯定打死过很多我的同类，肯定也曾驱赶我们远离食物。确实，我们会携带大量的细菌和病毒。但是你知道吗？我们同时也在做一个了不起的工作——清理死尸和腐烂的东西。如果没有我们的存在，地球会变得又臭又脏。

因为我的孩子都是就地取食，所以我把卵产在孩子们喜欢吃的食物上，比如动物尸体或者腐烂的植物。垃圾箱和垃圾场也是我产卵的理想场所。我一次可以产 100 多枚卵。这些卵几天后就会孵化成蛆。接下来的 7 天，蛆要不停地吃东西。吃饱了之后，他们会找一个安全的地方化蛹。在蛹里待上几天，等他们从蛹里出来后就会变成苍蝇。

我是一只雌蚊子，我需要吸食新鲜血液。首先，我要找到一个合适的恒温动物。小心了，你们人类可是理想的选择，因为你们不像其他动物那样有厚厚的皮毛。我用尖锐的口器刺穿你们的皮肤，分泌唾液阻止血液凝固。然后，我就可以吸食血液了。不吃饱我可是不会停下来的。有时候，我体内会携带微小的寄生虫，在我吸血的时候，他们会从我口中跑到你们身体里。这可能会导致疟疾。

我的全身都长满了又粗又硬的短毛，它们可以探测到空中气流的变化。我腿部的毛还是我的味觉器官呢！通常我都会先用它们去尝一尝食物的味道如何。

吃东西的时候，我会先把消化液吐到食物上。消化液会将食物溶解，这样我就可以用口器吸食食物了。

我有一对不能弯曲的透明的翅膀。虽然我飞得并不是很快，但我可以连续飞行好几个小时，一口气能飞 30 千米。我的翅膀每秒钟会振动 200 次，这也是我会发出令人讨厌的嗡嗡声的原因。

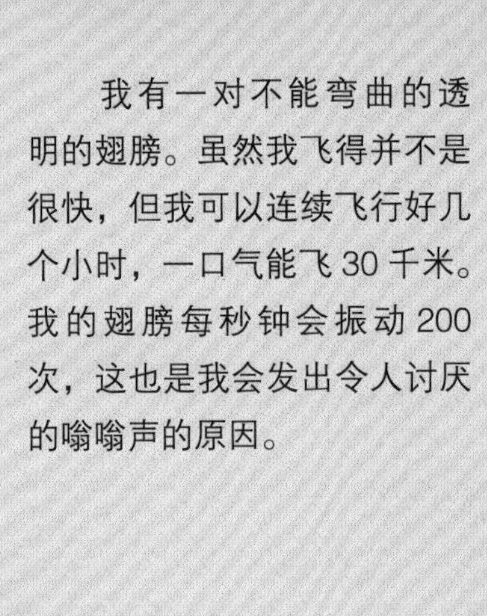

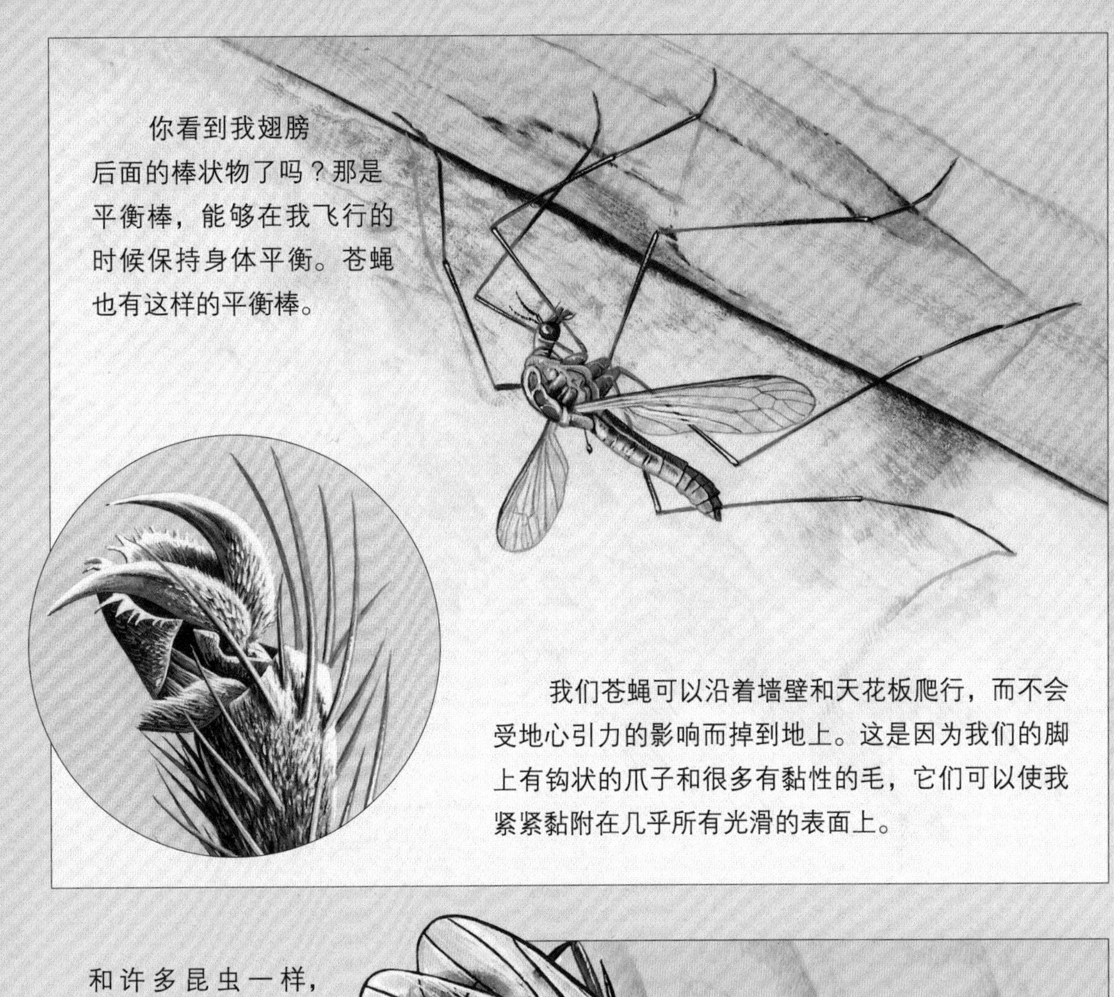

你看到我翅膀后面的棒状物了吗？那是平衡棒，能够在我飞行的时候保持身体平衡。苍蝇也有这样的平衡棒。

我们苍蝇可以沿着墙壁和天花板爬行，而不会受地心引力的影响而掉到地上。这是因为我们的脚上有钩状的爪子和很多有黏性的毛，它们可以使我紧紧黏附在几乎所有光滑的表面上。

和许多昆虫一样，我长着一对大复眼，它由约 4000 个微小的小眼组成。所以，就算你躲在我身后，我依然可以看到你。嘿嘿，我想你肯定深有体会，悄悄地靠近一只苍蝇是多么困难。

这是我的触角，它能探测到空气中的气味和振动。

我们是雄性突眼蝇。我们突眼蝇在打架前，会先衡量对手的实力。我想你肯定注意到了，我们的眼睛长在头上伸出的两根长柄上，我们就是通过衡量这两根长柄的长度来估算对手的实力的。此外，雌性突眼蝇更喜欢长着长长的柄的异性。那些长着更长的柄的雄性突眼蝇往往可以更快地吸引到异性！

蜂王是什么样子的？

我是这个蜂巢里的蜂王。我的蜂巢里还有另外两种类型的蜜蜂：雌性的工蜂和雄蜂。雄蜂的主要任务就是和我交配，所以数量不是很多。雄蜂都长得胖嘟嘟、毛茸茸的，非常邋遢。

这就是我，蜂王——蜂巢里最大的蜜蜂。蜂巢里的卵全部都是我产下的，所以工蜂必须细心地照顾我。

蜂巢里有上万只雌性工蜂。她们按照年龄大小分别做着不同的工作。这些工作包括喂养我的幼虫、采集花蜜和花粉，以及清洁蜂巢。

我的生命一般只有短暂的3～5年。在这几年中，我最重要的任务就是交配并产卵。交配时，我会从巢中飞出，雄蜂们在我身后互相追逐，这叫作婚飞。与我交配的雄蜂就是婚飞中的冠军。

我在蜂房里产卵。蜂房是工蜂用蜂蜡建成的。产卵的过程中，工蜂们会尽心尽力照顾我。如果没有我，就不会有新的蜜蜂出生，我们的群体就会灭亡。

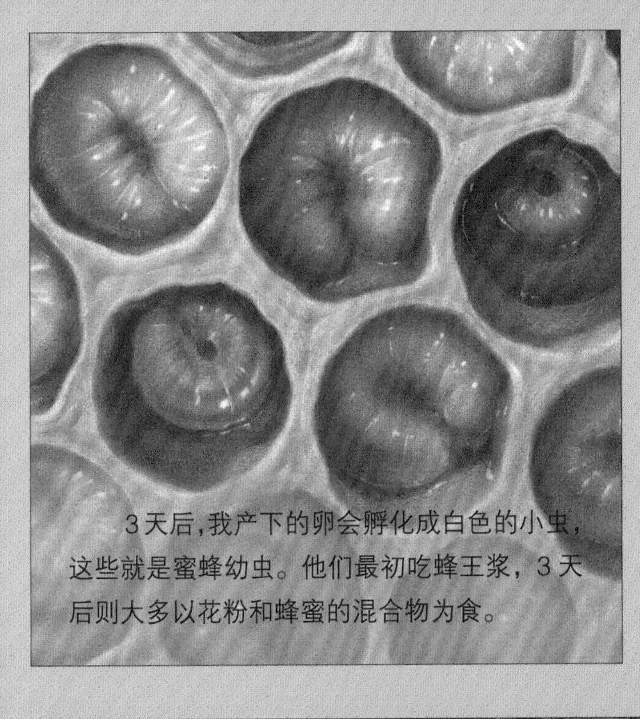

3天后，我产下的卵会孵化成白色的小虫，这些就是蜜蜂幼虫。他们最初吃蜂王浆，3天后则大多以花粉和蜂蜜的混合物为食。

工蜂们会在蜂巢周围散播我的气味，这样可以防止其他雌性的工蜂产卵。

幼虫5天大时，工蜂们会用蜂蜡盖住蜂房。蜂房里，幼虫会变成蛹，最后成为成蜂。

瞧，我的一个刚出生的女儿爬出了她的蜂房。我的女儿会一直待在蜂巢里，直到她的身体变得足够结实、能干活了，她才会飞出去。

只有极少数的幼虫会成为新的蜂王。这是一只即将成长为蜂王的幼虫。她一直吃的都是蜂王浆，这是一种由工蜂制造的特殊食物。

随着蜜蜂数量的增加，我们的蜂巢也变得越来越大。这个时候，我会带着一大群工蜂去寻找一个新的地方，建立一个新的蜂群。当我年纪大了，新的蜂王就会诞生，她将接替我的位置。

不同种类的蚂蚁是如何生活的？

我是一只木蚁。我们在欧洲和北美洲很常见。我是工蚁中的一员。在我的一生中，我会为我的蚁群做很多工作，例如照顾蚁后，清洁蚁巢，搜集食物和水，还要保护家园赶走入侵者。

你是不是认为所有的蚂蚁看起来都是一个样？事实上，蚂蚁有上万个种类。我们蚂蚁喜欢生活在一起，分工合作，形成一个群落。群落里包括几十万甚至数百万只蚂蚁。其中，巨大的雌性蚂蚁是我们的蚁后，她产下所有的卵。其余的蚂蚁为了保持群落的平稳运转而辛勤地工作。我们是切叶蚁，正在把切下来的树叶往巢里搬。树叶在巢里被我们嚼成叶浆，叶浆上会长出一种真菌，我们就靠这些真菌喂养蚂蚁幼虫。

我们是织巢蚁，生活在非洲、亚洲以及澳大利亚的热带地区。我们正忙着把叶子拉在一起形成一个蚁巢。我们的蚁后产下的卵已经孵化成了幼虫。我们用颚抓紧幼虫，挤压幼虫使他们产丝，这种丝能把叶子牢牢地粘在一起。蚁巢建好后，我们会竭尽全力保卫家园。我们保卫家园的主要手段就是咬，我们造成的咬伤特别疼，这是因为我们在撕咬的同时会把酸液注入敌人伤口。

我们可以搬运比自己大得多、重得多的树叶。

我是一只蜜罐蚁，生活在炎热干燥的地区。雨季的时候，群落中其他的工蚁会给我带来水和花蜜，我就把它们储藏在我的腹部。在旱季食物匮乏的时候，群落中的其他蚂蚁就可以从我这儿获取食物。

我是一只来自澳大利亚的斗牛犬蚁。我的颚又长又尖，用来攻击蚁巢的入侵者。我还有极好的视力，可以看清1米外的动静。我能用颚捕捉一些小昆虫。通常我会把这些小昆虫带回蚁巢，喂给我的幼虫吃。

我们蚂蚁喜好甜食。我们中的一些因“饲养”蚜虫而闻名。蚜虫是一种能分泌又香又甜的蜜露的小昆虫。他们以植物的汁液为食，蜜露是他们的排泄物。我们保护蚜虫不被瓢虫之类的捕食者攻击。作为回报，蚜虫让我们取走他们的蜜露。我们用触角轻轻地敲打蚜虫的腹部，蚜虫就会分泌蜜露给我们。

小心了！我的颚可是很厉害的武器。

白蚁为什么生活在土墩里?

我们白蚁生活在气候炎热的地方。我们是动物世界里最伟大的建筑家。数百万只白蚁共同生活在一个庞大的群落中。我们建起巨大的巢穴来遮挡阳光，巢穴还能保护我们不被掠食者捕杀。我们主要以木材和半腐性叶片为食。此外，我们还吃种植在巢穴里的真菌。瞧，这个土墩就是我们在干燥的非洲草原上的巢穴。我是白蚁蚁后，是蚁巢里最重要的居民，因为蚁巢里所有的卵都是我产下的。我和我的配偶——蚁王住在这里。工蚁和兵蚁会喂养、保护我们以及群落中的其他白蚁。

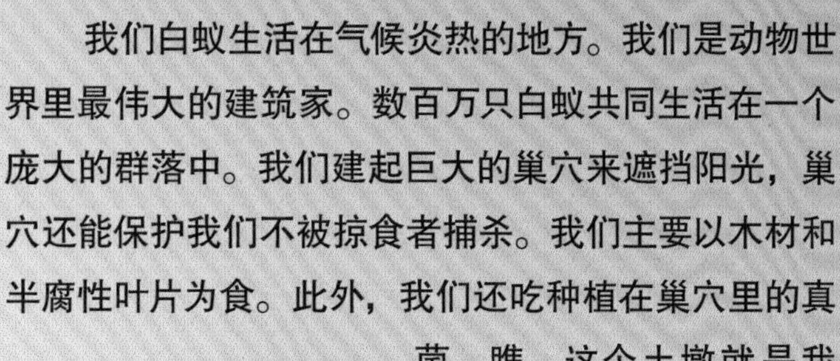

当一只像我这样正在飞行的雌蚁遇见一只正在飞行的雄蚁后，我们就会交配。交配后，我们的翅膀都会脱落。我们会找一个地方产下第一批卵。卵会孵化成工蚁，工蚁就开始建造巢穴，新的群落也就由此产生。

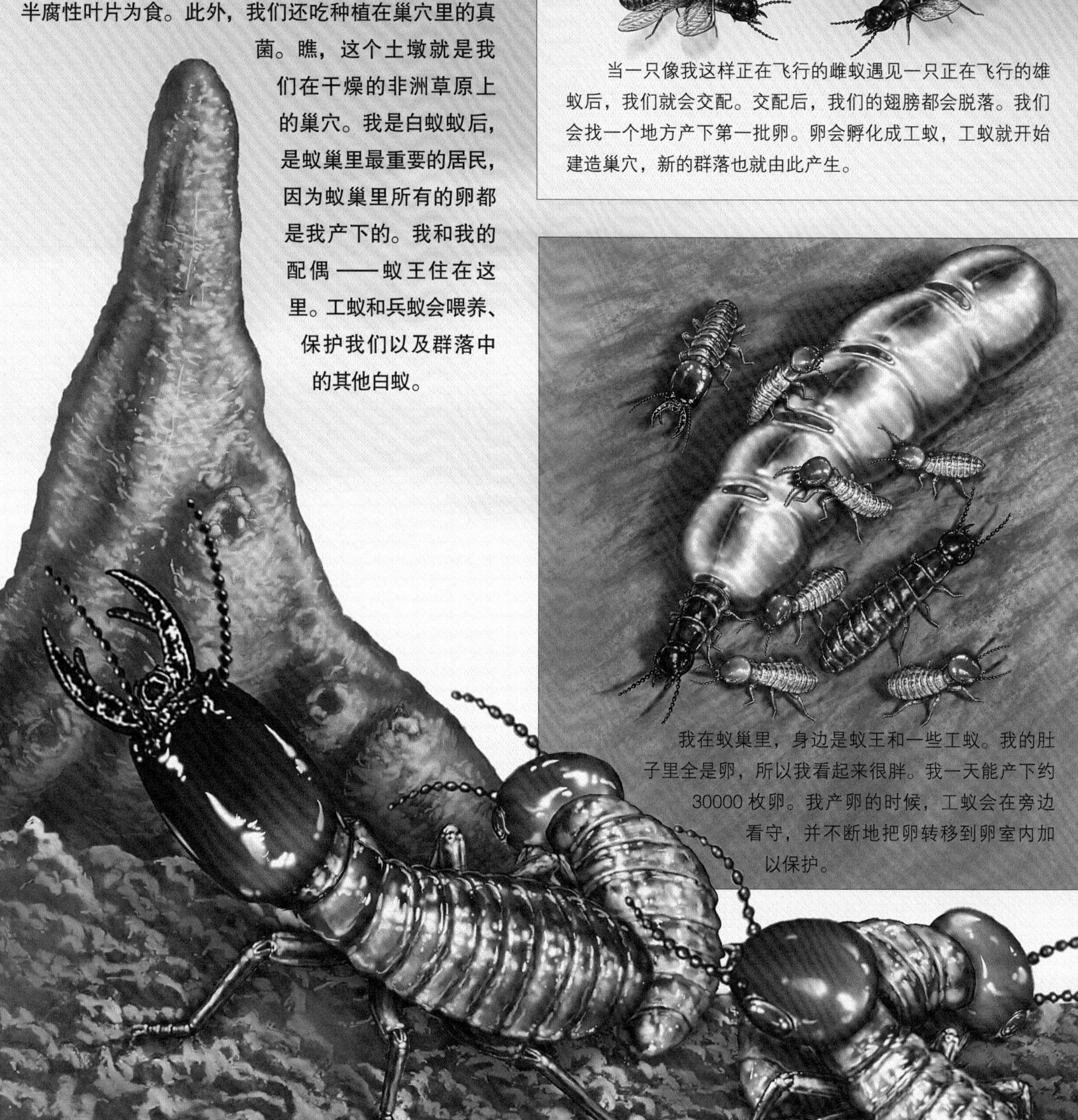

我在蚁巢里，身边是蚁王和一些工蚁。我的肚子里全是卵，所以我看起来很胖。我一天能产下约30000枚卵。我产卵的时候，工蚁会在旁边看守，并不断地把卵转移到卵室内加以保护。

兵蚁不用干活，由工蚁喂养。所以他们身强体壮，有着巨大的脑袋和强有力的颚。

蚂蚁是我们白蚁的天敌。为了食物，蚂蚁经常会趁我们外出的时候突袭我们的巢穴，甚至还会伏击我们。快看！现在这些蚂蚁正在被一种特殊的兵蚁攻击。这些兵蚁没有强有力的颚，但是他们可以喷出毒液抵御敌人。

我们的巢穴有4米高，比篮球架还要高！这是蚁巢内部的样子，有几条隧道与外界相连，可以保持空气的流通，这样蚁巢内就不会太热。我们在蚁巢里种植真菌，就像你们人类一样，自己种粮食给自己吃。

我们的幼虫大多都不能飞行，但有时会出现可以飞行的繁殖蚁。他们往往会飞走，在外面形成新的白蚁群落。

为什么蝗虫喜欢成群结队？

我们蝗虫俗称“蚂蚱”，分布广泛，体形较大，一对强壮的后腿使我们跳得又高又远。我们成年后，还会长出翅膀。我们蝗虫通常过着平静的生活，只会在繁殖的季节四处飞行寻找配偶。我们身体的颜色和周围的环境色彩相近，所以敌人很难从干草或其他植物中发现我们。

当大雨落到干燥的草原上时，一切都变了。植物的嫩芽不停长出来。我们蝗虫想要充分利用这些食物，就必须快速地繁殖。2 个星期之内，我们的数量就会增加数千倍。由于我们的数量很多，我们便不再独居，而是聚集在一起，形成巨大的群落共同生活。看，我正在一片新鲜的嫩草上。和我们的父母不同，我们这些在雨后出生的小蝗虫有着非常亮丽的颜色。这是因为我们的队伍太庞大了，用不着伪装自己。

刚孵化出来的时候，我们没有翅膀，人们称我们为“蝻”。我们沿着地面前进，和其他的蝻一起品尝沿途新鲜的嫩芽，最后形成一个有几十万只伙伴的群落。

成年后，几百万只蝗虫就会聚集到一起。在炎热的白天，我们栖息在树上。在凉爽的早晨和夜晚，我们便飞出去寻找食物。我们是飞行好手，1 天就可以飞行 100 千米。

为了长大，我们经常换掉外壳，这叫作蜕皮。大概5次蜕皮后，我们就有了翅膀，成为成虫。我们蜕皮后，身体是苍白色的，而且非常柔软。当外壳变硬后，我们的颜色也会慢慢地改变。

我们特别能吃。每天我们都要吃掉相当于我们自身重量的食物。当两亿只蝗虫一起到达某一片区域的时候，我们会在几分钟内吃光这个区域内所有的绿色植物。

当我们聚在一起的时候，什么也不能阻止我们前进——我们的队伍实在是太庞大了。常见的捕食者，例如鸟类和蜥蜴，几乎不能减少我们的数量。等着瞧吧，我们将吃光这个男孩的部落种植的所有农作物以及其他植物。

螳螂是怎样捕食的？

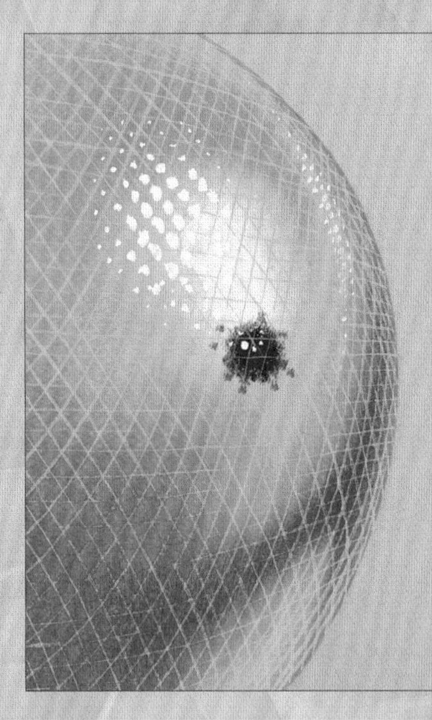

我大大的眼睛能帮我精确地搜寻猎物。我的眼睛是复眼，它由数以千计的极小的透镜构成，使我能看到身后发生的事情。我能够觉察到20米远处移动的物体。我移动头部追踪猎物，我的注意力已经完全集中在猎物身上。我耐心地等待着出手的时机。

我是一只螳螂。我们螳螂家族遍布世界各地。我们中的一些喜欢追逐猎物，但大多数热衷于伏击猎物。我通常都是埋伏着，等待猎物靠近。我静止不动，所以猎物甚至无法察觉到我的存在……等他们发现我的时候，一切都已经晚了。我主要以蚱蜢和其他昆虫为食——苍蝇就是我特别喜爱的食物。一些稍大一点的螳螂亲戚还能捕捉小型的鸟类、青蛙或蜥蜴。

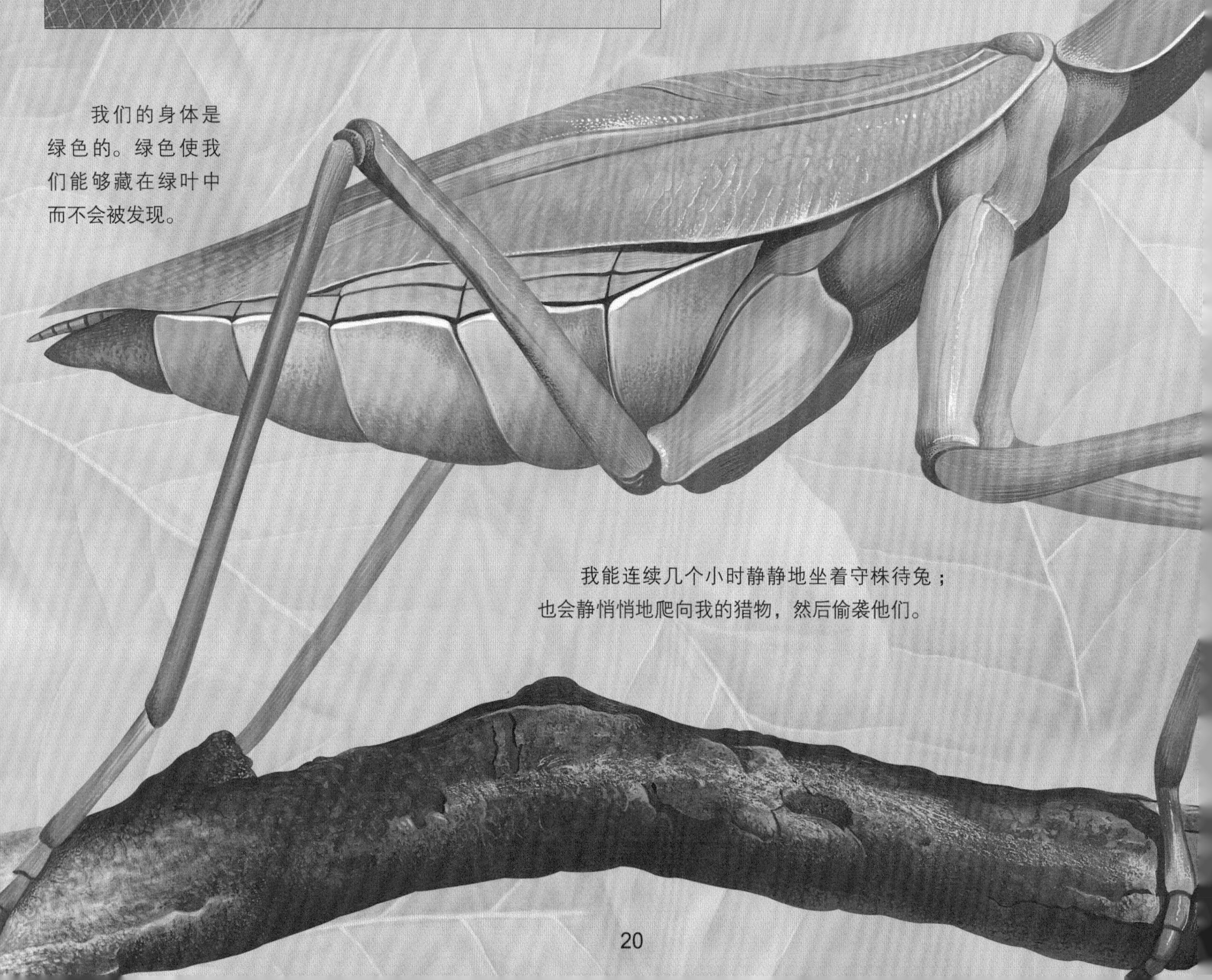

我们的身体是绿色的。绿色使我们能够藏在绿叶中而不会被发现。

我能连续几个小时静静地坐着守株待兔；也会静悄悄地爬向我的猎物，然后偷袭他们。

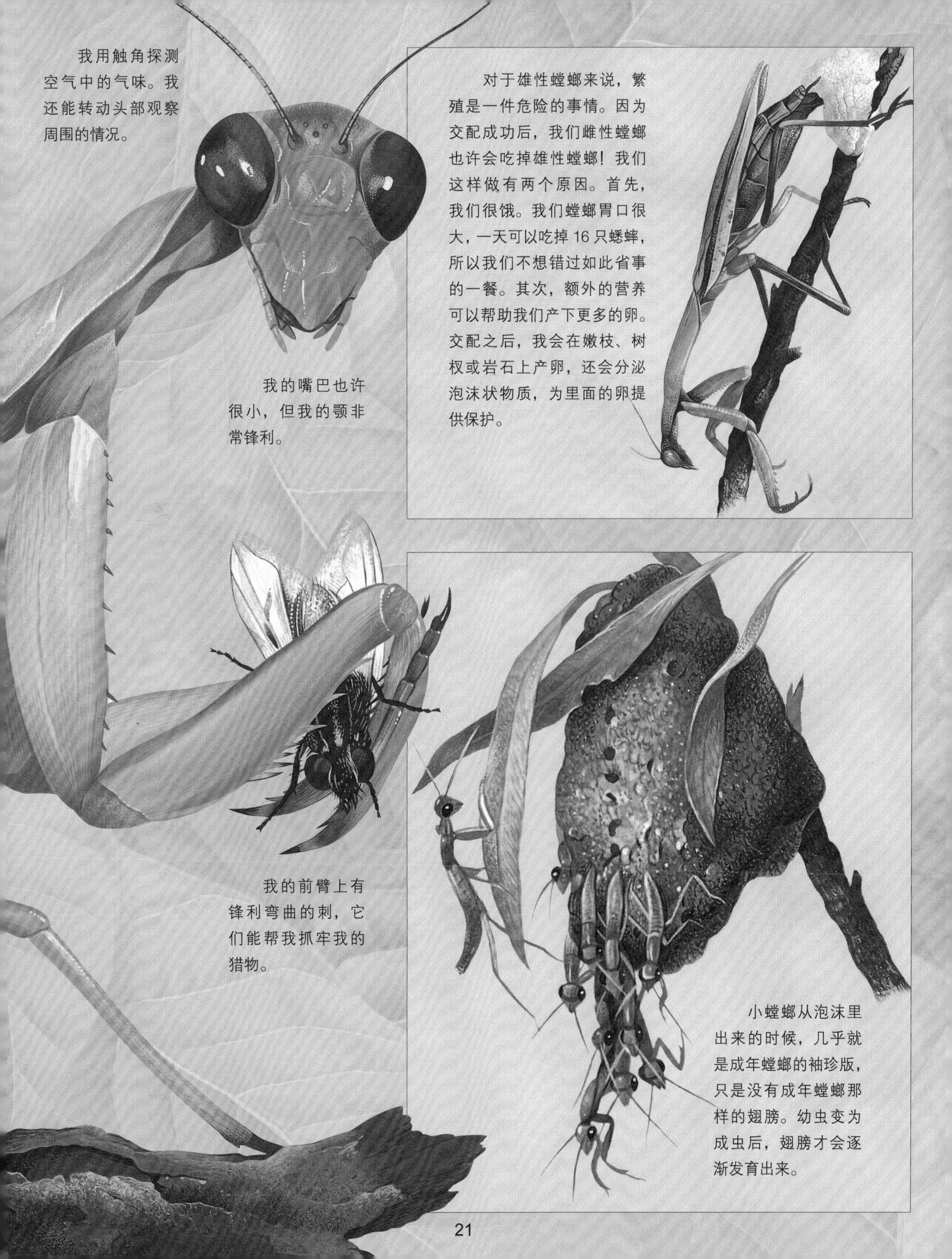

我用触角探测空气中的气味。我还能转动头部观察周围的情况。

对于雄性螳螂来说，繁殖是一件危险的事情。因为交配成功后，我们雌性螳螂也许会吃掉雄性螳螂！我们这样做有两个原因。首先，我们很饿。我们螳螂胃口很大，一天可以吃掉 16 只蟋蟀，所以我们不想错过如此省事的一餐。其次，额外的营养可以帮助我们产下更多的卵。交配之后，我会在嫩枝、树杈或岩石上产卵，还会分泌泡沫状物质，为里面的卵提供保护。

我的嘴巴也许很小，但我的颚非常锋利。

我的前臂上有锋利弯曲的刺，它们能帮我抓牢我的猎物。

小螳螂从泡沫里出来的时候，几乎就是成年螳螂的袖珍版，只是没有成年螳螂那样的翅膀。幼虫变为成虫后，翅膀才会逐渐发育出来。

甲虫是如何生活的？

你知道吗？世界上已发现 350000 多种甲虫。而至今仍未被发现的甲虫种类，或许比这个数目还要多。我们甲虫适合各种各样的生活方式。我们鹿角虫，是甲虫中数量比较多的种类之一。仔细看下去，你将会发现许多关于甲虫如何生活的秘密。

我是一只大龙虱。尽管我是一名飞行好手，我依然会在小溪、湖泊和池塘里度过我一生中大部分的时间。我非常适应水下生活。在我潜水的时候，我利用翅鞘下方的气泡呼吸，它有点像水中呼吸器。我也是出色的游泳健将。我的后腿是扁平的，上面覆盖着绒毛。我像划桨一样向后蹬我的后腿，推动我在水中快速游动，从而抓住我的猎物。我的猎物主要是蝌蚪、昆虫的幼虫和小鱼。瞧，我抓住了一条小鱼。

我们屎壳郎遍布地球的每个角落。我们是勤劳的清洁工，我们会帮忙清除斑马和母牛等动物的粪便。瞧，这是我积累的一个巨大的大象粪球。我会把这个粪球埋起来，在里面产卵。卵孵化后，幼虫就躲在粪球里面，以粪便为食。你知道吗？如果没有我们，地球可能就会被动物的粪便淹没了！

我是一只雄性鹿角虫。我能够长到 7 厘米长——大约相当于人的食指的长度。雌性鹿角虫要稍小一些。我们只能存活几个月，所以寻找配偶是最重要的事情。为了赢得雌性鹿角虫的青睐，维护自己的领地，雄性鹿角虫之间会进行激烈的搏斗。

我们虎甲虫是世界上跑得最快的昆虫。我们用弯曲的、锯齿状的颚抓捕猎物。很少有猎物能够逃出我的手掌心！

搏斗之前，我们鹿角虫会面对面地站立，打量一下对手。有时候，如果一方看起来过于强大，另一方就会主动放弃搏斗。看起来，我的对手好像要放弃这次竞争了。

我是一只鳃金龟。和许多甲虫一样，我不是一名优秀的飞行家——我飞起来非常笨拙，还会发出嗡嗡的响声。我脆弱的翅膀被坚硬的鞘翅保护起来。飞行的时候，我必须把翅膀从鞘翅里伸出来。我有柔软如羽毛般的触角，它能帮我找到一个合适的配偶。

你肯定找不到比我更长的甲虫了。我是一只雄性长戟犀金龟。我有人的一只手掌那么长。为了吸引异性的注意，我用角与其他雄性竞争者搏斗。我生活在美洲中南部的热带雨林里，力量极大。

我们给人深刻印象的“鹿角”实际上是我们强有力的颚。尽管我们的外表看起来很强壮，我们却不是食肉动物。我们只是用颚来争斗。我们的食物主要是树液和蜜露。

瓢虫身上为什么有斑点？

我们瓢虫是甲虫家族的一员，世界上有5000多种瓢虫。我们身上生来就有多种颜色，而且我们中的绝大多数都有斑点。我就是中间那只七星瓢虫。我们的颜色和斑点都是为了吓跑捕食者。我们身上鲜艳的颜色说明我们并不好吃。我们受到惊吓时，腿关节处会产生一种油性液体。这种液体有一股恶心的、有点苦的味道。

我们的眼睛是复眼，它由许多小眼构成。复眼以及我们短短的触角，就是我们的视觉、触觉、嗅觉和味觉器官。

我们最喜爱的食物是蚜虫。我们一天可以吃掉50只蚜虫！

蚜虫从
物里吮吸汁液
所以他们吃
来非常甜。

整个冬天我们都在冬眠。我们通常是聚集成一大群冬眠，这样可以保证我们的安全。冬眠的时候，我们靠夏秋季节储存的脂肪维持生命。

像我们这样的甲虫，不飞行的时候，身上的鞘翅会覆盖并保护我们的翅膀。起飞的时候，我们张开鞘翅，伸出翅膀。飞行中，我们一秒钟要拍打 85 次翅膀。和许多昆虫一样，我们喜欢炎热的天气。天冷的时候，我们就飞不起来了。

蚂蚁也喜欢蚜虫。但是他们不吃蚜虫，他们吃蚜虫制造的蜜露。蚂蚁会保护蚜虫，他们会帮助蚜虫抵御我们这样的捕食者。所以，我们必须击退蚂蚁才能吃到蚜虫。我们会把卵产在蚜虫时常出没的地方，卵孵化之后，我们的幼虫将会得到更多的食物。

蜈蚣有多少条腿?

所有的昆虫都只有 6 条腿，但我们蜈蚣不是昆虫，我们至少有 30 条腿，有些甚至有 100 条腿或者更多。大多数蜈蚣都有 30 到 50 条腿。

我是马陆。我主要以腐殖质为食。我们通常有 100 到 300 条腿，最高纪录是 750 条！我的腿动起来就像是起伏的波浪。尽管我有很多条腿，我行走的速度却很慢。我喜欢隐藏在黑暗潮湿的地方，比如石头下或者树根附近。

我是一只巨型蜈蚣，能长到 30 厘米长。我爬得很快，而且很凶猛。所以我能捕食小蛇、青蛙、蝎子和小型哺乳动物。

危险来临的时候，我的腿会缩拢，身体会蜷成完美的螺旋状。坚硬的外壳会保护我。如果受到攻击，我也能分泌一种气味难闻的有毒液体。

我是一只绒螨。我个头非常小，大约只有大头针帽那么大。我是蜘蛛和蝎子的近亲，有 8 条腿。我生活在森林的土壤和落叶里。我吃昆虫和他们的卵。我鲜红的身体会告诉捕食者们，我的味道令人讨厌。

我用尖锐的颚把毒素注入猎物体内。这种毒素并不足以杀死猎物，但可以麻痹他们。这能阻止猎物的反抗，让我们轻松地享用美味。

我是一只蝎子。我们蝎子是蜘蛛的近亲。我们和蜘蛛一样有 8 条腿。我的武器是 1 对螯和 1 根毒刺。我的螯又锋利又强壮，可以抓捕猎物；我的毒刺长在我的尾部。几天前，我生下了我的孩子。为了保护孩子们，我会让他们在我的背上待 2 到 3 个星期。到那个时候，他们就可以独自生存了。

我的视力不是很好，我得通过螯上的绒毛感觉附近传来的振动，以此判断猎物的方位。

我们鼠妇有 7 对足。我们生活在凉爽、潮湿的地方，喜欢吃枯叶、枯草。我们受到惊吓的时候，会蜷成一个球。旁边这位是我们的亲戚，目前人们只在大西洋的圣赫勒拿岛上发现过他们的踪迹。他们生活在一种特殊的植物上，而这种植物只生长在这个小岛上。

我的“尾巴”实际上是一对足。一些蜈蚣用他们的尾部去攻击猎物。有羽状尾部的蜈蚣还会用尾部引诱猎物靠近他们。

蜘蛛是怎样织网的?

我们蜘蛛都是纺织专家。我是一只十字园蛛。我用蛛丝织成圆形的网来捕捉猎物。我待在网的中央，等待猎物自投罗网。我把脚放在一条叫作信号索的蛛丝上。只要有东西落在我的网上，信号索就会振动。我能分辨出真的猎物和树叶之类的东西造成的振动之间的区别。我也能从振动上得知猎物在网上的具体方位。我的网通常只能使用一天。它会被风雨、人或稍大一点的动物破坏。当我失去一个网后，我就再织一个。如果需要的话，我一天能织出好几张网。

如果有飞虫闯进我的网里，我就会用蛛丝捆住他，这样他就跑不掉了。我会等他没力气了之后再来慢慢品尝他。

我的网是如此的精巧，人类的肉眼几乎看不到它。粗心的昆虫没有留意它的存在就飞进了网里。我一个小时就能织好一张网。让我来告诉你我是如何织网的吧。首先，我把一根长长的蛛丝抛向风中。一旦它粘住了东西，我便紧紧地拉住它。这样，最困难的部分就完成了。

我沿着蛛丝爬行，顺着爬行的方向织第二根蛛丝。

我拉低第二根蛛丝并且在底部固定它。

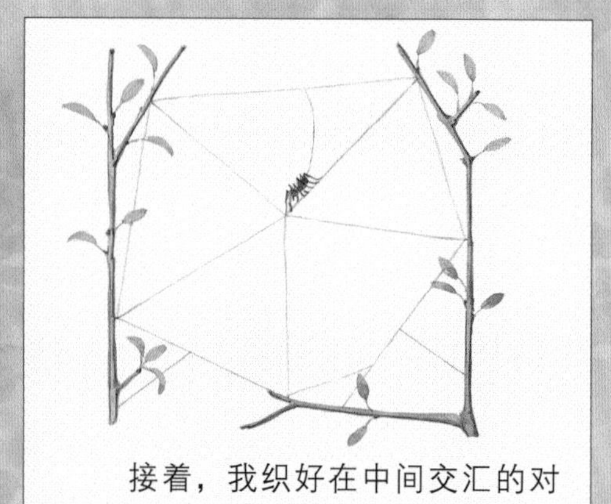

接着，我织好在中间交汇的对角线。

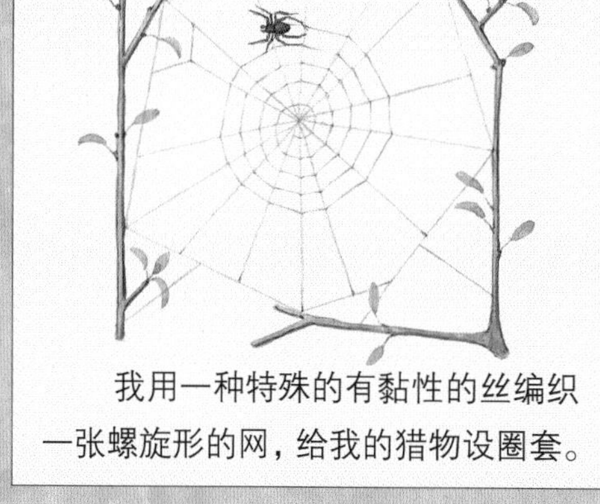

我用一种特殊的有黏性的丝编织一张螺旋形的网，给我的猎物设圈套。

现在我要做的就是待在网的中央等待晚餐。

不是所有的蜘蛛都会织网，但几乎所有的蜘蛛都能吐丝。我们体内会分泌一种液体，它从一个叫作吐丝器的特殊器官里吐出。一离开我们的身体，这种液体就变成一种强壮结实的细丝。我们能在数秒内吐出几厘米长的蛛丝。

我用强壮锋利的颚咬伤、麻痹我的猎物。这能制止猎物的反抗，却不会杀死他们。我是故意这样做的，活的昆虫更加新鲜美味。我稍后就会吃掉他！

当有东西被网住后，我就等待着振动提示我那是个什么东西。

我是一只撒网蛛。我以一种很不寻常的方式捕猎。我织成一张小网，用腿将网撑起，然后就埋伏着等待猎物。一旦发现有昆虫靠近我，我就向他撒网，昆虫立刻就被紧紧缠住了。

我腿上敏感的绒毛能察觉出网上的振动。

蜘蛛能捕捉鸟类吗？

几乎所有的蜘蛛都能吐丝，但不是所有的蜘蛛都靠织网等待粗心的昆虫自投罗网。我们能用蛛丝做很多事情，例如用蛛丝提供保护等。当我们从很高的地方坠落时，蛛丝还能粘住什么东西救我们一命。我是墨西哥红膝鸟蛛，是世界上最大的蜘蛛之一——至少有你的手掌那么大。在我的卵未孵化之前，我会用蛛丝为它们编织一个庇护所。

虽然我有 8 只眼睛，我的视力却不是很好。我只能分辨白天与黑夜，发现移动的东西。

我埋伏着等待猎物。当猎物进入我的攻击范围后，我便扑向他们，用锋利的毒牙把毒液注入猎物体内。毒素可以使猎物麻痹，无法逃脱。

我是一只活板门蛛。我会挖一个洞穴并用一个严密的盖子把它封住。盖子上有一条由我的蛛丝制成的铰链。我安静地待在盖子底下窥视外面。当美味的猎物接近洞穴时，我会突然冒出，把他拖进我的洞穴。

我的腿和身体上的绒毛能够感知地面和空气中轻微的振动。这能帮助我精确地判断猎物或捕食者的位置。

与墨西哥红膝鸟蛛不同，我们跳蛛有着很好的视力，我们利用视力去辨认猎物。我有 8 只眼睛，前面的 2 只眼睛比其余的眼睛要大很多。

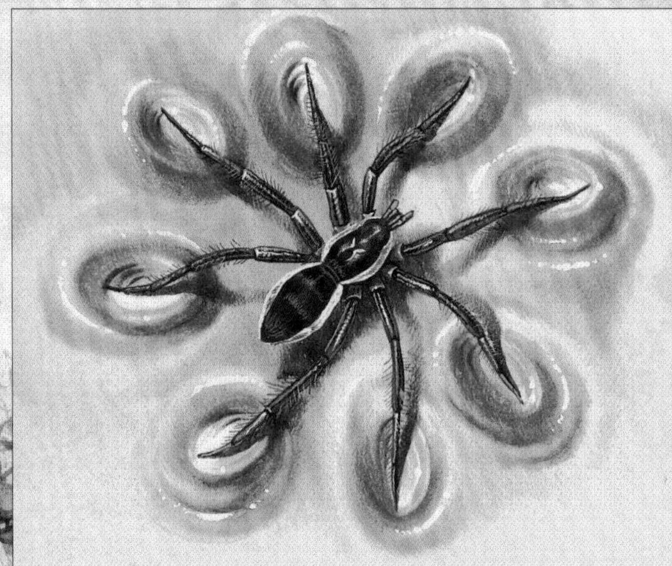

我是捕鱼蛛。我滑过水面寻找蝌蚪和小鱼。我通过在水中摇摆我的一条腿来引诱猎物。当有东西靠近的时候，我便俯冲下去抓住他。

像我这样的花皮蛛会把有毒的黏液喷向猎物，所以又叫“喷液蛛”。我瞄得非常准，猎物很快就被有黏性的细丝缠住。这时，他就不能动了。

虽然我们常常被称为捕鸟蛛，我们却很少捕捉鸟。有时我们捕捉未离巢的雏鸟或刚刚学飞的小鸟，但我们更喜欢吃青蛙、小蛇、较大的昆虫，甚至是别的蜘蛛。这是我刚刚捕捉到的蜥蜴，他将会成为我的午餐。

虫虫小辞典

■触角

触角是昆虫头部用来感觉周围世界的特殊器官。

■伪装

某些生物能够借助自己身体的颜色或外形融入周围的环境，从而很难被捕食者发现。

■复眼

由多个小眼构成的光感受器，能感受物体的形状、大小，并可辨别颜色。

■平衡棒

某些昆虫后翅退化而成的棒状物，在飞行的时候帮助这些昆虫保持平衡。

■若虫

不完全变态类昆虫的幼体被称为若虫，若虫的形态和习性与成虫相似。

■幼虫

完全变态类昆虫的幼体被称为幼虫，幼虫的形态和习性与成虫有着巨大的差异。

■蜕皮

一些昆虫或动物会定期蜕掉外皮，使自己能够继续生长和发育。

■蛹

昆虫由幼虫向成虫形态转变时的一个发育阶段。

■寄生虫

指寄生在其他生物体内或附着于体外，以获取维持其生存、发育或者繁殖所需的营养和庇护的生物。